领与袖巧编织

LINGYUXIUQIAOBIANZHI

谭阳春 / 编

中国纺织出版社

内 容 提 要

《领与袖巧编织》主要包含了各种领与袖的织法全过程。书中作品汇集经典款、时尚款、创意款等，实用与流行并存，为广大编织爱好者讲述了最为全面、最具特色的领与袖的编织知识。每款作品均配以详细的编织要点、一目了然的图文步骤，最终呈现出精美的毛衣实物图，让编织者很快掌握编织技巧，选择适合自己的领与袖款式，收获快速完成作品的喜悦感。

爱编织的您，绝对不能错过这样精彩的编织工具书。

图书在版编目（CIP）数据

领与袖巧编织 / 谭阳春编 ． -- 北京：中国纺织出版社，2016.3（2024.11重印）

ISBN 978-7-5180-2058-4

Ⅰ．①领… Ⅱ．①谭… Ⅲ．①毛衣—编织—图集

Ⅳ．① TS941.763-64

中国版本图书馆 CIP 数据核字 (2015) 第 243969 号

策划编辑：阚媛媛

装帧设计：水长流文化 责任印制：储志伟

中国纺织出版社出版发行

地址：北京市朝阳区百子湾东里 A407 号楼 邮政编码：100124

销售电话：010 - 67004422 传真：010 - 87155801

http://www.c-textilep.com

E-mail: faxing@c-textilep.com

中国纺织出版社天猫旗舰店

官方微博 http://weibo.com/2119887771

北京通天印刷有限责任公司印刷 各地新华书店经销

2016 年 3 月第 1 版 2024 年 11 月第 16 次印刷

开本：787×1092 1/16 印张：7

字数：84 千字 定价：29.80 元

前言

　　编织是一门不算复杂的手工艺术，在掌握了毛线编织地基础知识后，不但可以轻松地编织出一件美丽而实用的毛衣，而且通过灵活运用还可编织出各种各样的作品。编织的过程既可以享受编织带给我们的乐趣，同时通过编织可以让自己身心平静，对健康也有一定的帮助。

　　很多编织爱好者对编织什么样的领与袖的花样及选择怎样的款式作为衣服的亮点而烦恼。众所周知，领与袖在毛衣结构中不但具有实用性，而且在一定程度上也体现了衣服的美观性，因此学会各种款式的领与袖的编织技巧很重要。

　　本书在编撰过程中充分考虑到实用性与美观性，分成五个章节分别介绍了编织常识、领与袖的起针方法、多种领子的编织方法、多种袖子的编织方法、多种织片花样的织法。每章都以清晰的步骤图片进行详细讲解，同时结合言简意赅的文字进行说明，让读者在掌握基本的编织技巧同时，学会了多种领与袖的编织方法，相信对广大编织爱好者会起到一定的帮助作用。本书在最后一章特别列举了一些基本的织片花样，让编织爱好者了解一些基本针法的运用。掌握这些基础知识，通过自己灵巧的双手，运用巧妙构思，融会贯通，适当变化每一个花样的针数、针法和图案组合，就能编织出各种各样漂亮的作品。

目录

Part 1　编织常识

工具的介绍

常用编织工具一般有毛线针、环形针、钩针、缝合针。同时配有辅助工具如防解别针、麻花针、数针、量针器等。

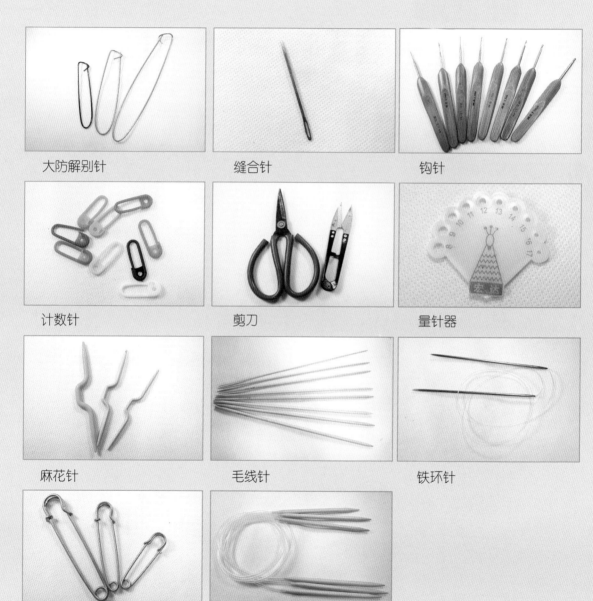

大防解别针　　　　　　　缝合针　　　　　　　　钩针

计数针　　　　　　　　　剪刀　　　　　　　　　量针器

麻花针　　　　　　　　　毛线针　　　　　　　　铁环针

小防解别针　　　　　　　竹环针

常用的棒针线材及其特点

现在的毛线种类繁多，除了天然纤维的棉、麻、毛线外，还有化学纤维如粘胶（吸湿易染）、涤纶（挺括不皱）、锦纶（结实耐磨）、腈纶（膨松耐晒）、维纶（价廉耐用）、丙纶（质轻保暖）、氨纶（弹性纤维）等等，更有将各种用线随意组合搭配，创造了各式花式捻纱，增加了编织的乐趣。使用者可以依据不同用途来选择用线，编织出自己满意的织品。

目前市面上的各种各色线不管成份如何，都可以从外观上分为两大类：

1. 一般线

分为极细、中细、中粗、粗、特粗、极粗等。

2. 花式特殊线

如一节粗一节细的大肚纱、结粒纱、圈圈纱，以及马海毛、金银线、亮片线加以组合的花式线。

毛线的品号

品号通常由四位数字组成。我们从左向右来看这四位数字所代表的含义：

第一位数字表示产品的纺纱系统和类别：

"0"—精纺绒线（通常省略）。

"1"—粗纺绒线。

"2"—精纺针织绒线（通常省略）。

"3"—粗纺针织绒线。

"4"—试验品。 ：

第二位数字表示产品原料种类：

"0"—山羊绒或山羊绒与其它纤维混纺。

"1"—国产纯毛（包括大部分国产羊毛），也称异质毛。

"2"—进口纯毛（包括进口羊毛和部分国产毛），也称同质毛。

"3"—进口纯毛与粘胶纤维混纺。

"4"—进口纯毛与异质毛混纺。

"5"—国产纯毛与粘胶纤维混纺。

"6"—进口纯毛与合成纤维混纺。

"7"—国产纯毛与合成纤维混纺。

"8"—纯腈纶及其混纺。

"9"—其它。

第三、四位数字表示产品的单股毛纱支数（注：支数就是单位长度，支数越高线就越细……）。但是，现在我们经常看到的毛线标号，一般都将第一位数字省略了，只用后三位数字表示毛线的品号。

线 和 针 的 拿 法

棒针编织的挂线方式有法国式和美国式两种方法，法国式是将线挂在左手食指上编织，美国式是将线挂在右手食指上编织，两种方法都是将右手棒针从正面插入左手棒针的针套里将线引出的。

毛 线 接 线 的 方 法

1、红线和蓝线如图交叉。　2、红线长端绕一圈。　3、蓝线穿入线圈。

4、均匀往外拉紧。　5、完成。

棒 针 符 号 和 尺 寸 对 照 表

针号	粗 (mm)	针号	粗 (mm)
4	6.00	11	3.00
5	5.50	12	2.75
6	5.0	13	2.50
7	4.50	14	2.00
8	4.00	15	1.75
9	3.75	16	1.5
10	3.25		

Part 2 领与袖的起针方法

单罗纹针起针法

1. 将棒针十字交叉握好，将线压在右棒针下。

2. 线从左棒针绕到右棒针下。

3. 将右棒针移至左棒针上方。

4. 将针圈套在左棒针上。

5. 线在下（将右针从下插入两针圈之间）。

6. 织1针上针。

7. 将针圈套在左棒针上。

8. 线在上（将右棒针从上插入两针圈之间）。

9. 织下针。

10. 重复以上步骤起针。

11. 用上下针开始织边。

单罗纹针绕线起针法

1. 将线挂在针上。

2. 拇指上的线从针下绕到针上。

3. 食指上的线从针下绕到针上。

4. 拇指上的线压在食指的线上。

5. 食指上的线从针下绕到针上。

6. 拇指上的线从针下绕到针上。

7. 食指上的线盖在拇指的线上。

8. 重复以上步骤

第1行

1. 第1针织下针。

2. 第2针上针挑过不织。

3. 再织下针（针要从下方插入线圈）。

第2行

4. 重复以上步骤。

1. 第1针挑过不织。

2. 第2针上针挑过不织。

3. 第3针按正常的织法织下针。

4. 重复以上步骤，第2行完成。

双辫子起针法

1. 锁1个针圈套在左针上。

2. 以织下针的形式，将右针插入左针的针圈里。

3. 将线从下方绕到左针上，从右侧穿过。

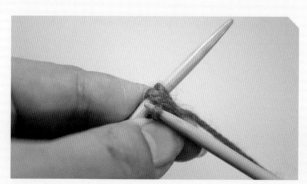

4. 织1针下针。

5. 左针在上，右针在下。

6. 将线从左针上绕到右针下。　　7. 织下针，穿过右针针圈。　　8. 重复以上步骤。

平针起针法

 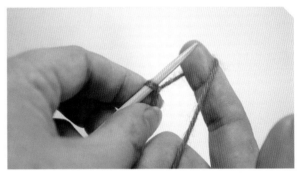

1. 锁1个针圈套在左针上。　　　　2. 用右手食指勾线。

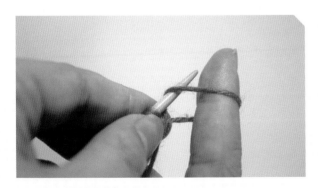 

3. 将线挂在针上。　　　　　　　　4. 重复以上步骤。

单边起针法

1. 在针上套环。

2. 右棒针放在左棒针下。

3. 在右棒针上挂线。

4. 抽出挂在左棒针上。

5. 再将右棒针插入两线圈之间。

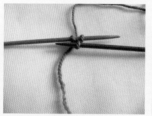

6. 挂线，抽出。

7. 挂在右棒针（下针）。

8. 再右棒针从外向里插入两针之间。

9. 挂线。

10. 抽出，挂在右棒针上（上针）。

11. 再继续插入两针之间。

12. 挂线。

13. 抽出，挂在右棒针（下针）。

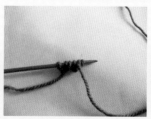

14. 再将右棒针从外向内插入两针之间。

15. 织上针，挂在左棒针。

16. 重复以上步骤的操作。

手指挂线起针法

1. 留出比编织物所需尺寸长3倍的尾线，在2根编织用针上打1个结作为第1针。

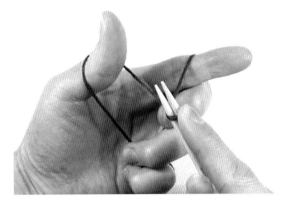

2. 右手拿针，左手的拇指，食指将2根线分开。

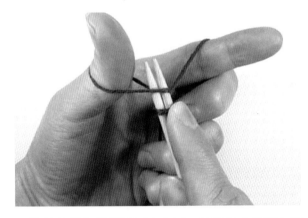

3. 棒针从拇指外侧线下方穿过，从拇指内侧线上方穿过。

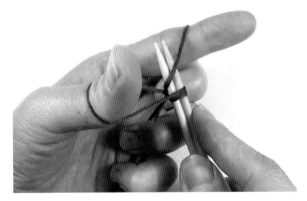

4. 挑起食指上的线。

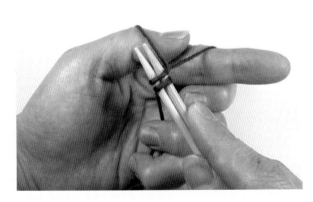

5. 沿原方向返回，拉紧拇指上这根线，第1次起针完成，这时针上有2个针圈。

6. 重复以上步骤，继续起针。

用棒针直接起针的单罗纹起针法

1. 留出比编织物所需尺寸长3倍的尾线，左手拇指和食指挂上线，右手拿棒针，将右手的棒针从下方挑起顺时针绕1圈线。

2. 将针从拇指上的线沿顺时针方向挂线，然后从下方挑起食指上的线逆时针方向绕1圈回来，套在棒针上。

3. 这时在右手的棒针上形成2针。

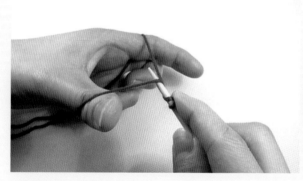

4. 重复以上步骤，继续起针。

5. 起出所需要的针数。

这种起针法在编织第1行和第2行时应该注意：第1行：只织上针（或下针），下针（或上针）挑过不织；第2行：只织下针（或上针），上针（或下针）挑过不织，第3排恢复正常编织。

单罗纹演变成双罗纹的方法：在织第3行时做上、下针的交换，每隔4针要交换一次上针和下针的位置，使其有序地成为双罗纹。

别色线单罗纹起针法

1. 利用与作品不同颜色的线（别色线），使用在棒针上起针的方式，用钩针起出所需针数的一半（这种起针省去了挑针的麻烦）。当起针数为奇数时，别色线的针数 =（起针数 + 数 +1 针）÷2

2. 用比织单罗纹针大两号的棒针和编织线织 1 行下针。

3. 第 1 行织完后在线上挂上计数针针织第 2 行。

4. 第 2 行织上针，第 3 行再织 1 行下针。

5. 第 4 行折双，挑起挂有计数针的线圈和棒针上的第 1 针 2 针并织上针。

6. 在棒针上的第 2 针织上针，然后挑起别色锁针上的线圈织下针。

7. 重复以上步骤织完最后 1 针。

8. 找到别色锁针收针的位置，拆掉别色锁针。

9. 拆掉别色锁针后的单罗纹编织。

10. 拆掉别色锁针后单罗纹编织。

别色线双罗纹起针法

1. 同别色线单罗纹起针步骤 1，别色线的针数 =（起针数是 4 的倍数 +2 针）÷2+1 针。

2. 同别色线单罗纹起针步骤 2。

3. 同别色线单罗纹起针步骤 3。

4. 同别色线单罗纹起针步骤 4。

5. 同别色线单罗纹起针步骤 5。

6. 同别色线单罗纹起针步骤 6。

7. 挑起别色锁针上的线圈织下针，连续挑织下针，在棒针上的第 3 和第 4 针织上针。

8. 重复以上步骤到最后 1 针。最后把别色锁针上的针圈和棒针上的最后 1 针并织上针。

9. 同别色线单罗纹起针步骤 8。

10. 拆掉别色锁针后的双罗纹编织。

11. 拆掉别色锁针后另一面的双罗纹编织。

Part 3 多种领子的织法

后开门低圆领

制制定尺寸

前领深 8cm，后领深 2cm，领宽 16cm，领高 5cm。

注：编织的过程中，可根据毛衣的大小，适当缩放领口尺寸。有了这个尺寸，不论用什么型号的毛线，都可按这个尺寸织领口了。

计计算领口的针数

以粗线为例，编织密度：

20 针 ×25 行 /10cm

领宽的针数：16÷10×20=32 针，取 33 针。

前领深行数：8÷10×25=20 行，取 20 行。

后领深行数：2÷10×25=5 行，取 5 行。

制定工艺针法

将领口针数大约分为 3 等分，那么，在 20 行中要收掉 11 针，让领口呈现弧度采取先快收针后慢收针的方法。通常所说的 3、2、1 的方法，就是根据这个规律算出领口的减针方法的。

后领口

1.后片带门襟收 15 针。

2.后片每 2 行收 1 针，共收 3 次。

前领口

3. 后片重复以上步骤。

1. 中间留7针，每行收1针，收8次。

2. 每2行收1针，收3次。

3. 平织12行。

4. 重复以上步骤织另一边。

5. 前后缝合。

6. 领口挑针。织1针正针1针反针，第2圈正织反，反织正，持续转换。

7. 织8行收针。

横条纹低圆领

制定尺寸

前领深 8cm，后领深 2cm，领宽 16cm，领高 5cm。

注：编织的过程中，可根据毛衣的大小，适当缩放领口尺寸。有了这个尺寸，不论用什么型号的毛线，都可按这个尺寸织领口了。

计算领口的针数

以粗线为例，编织密度：

20 针 ×25 行 /10cm

领宽的针数：16÷10×20=32 针，取 33 针。

前领深行数，8÷10×25=20 行，取 20 行。

后领深行数，2÷10×25=5 行，取 5 行。

制定工艺针法

将领口针数大约分为三等分，那么，在 20 行中要收掉 11 针，让领口呈现弧度采取先快收针后慢收针的方法，通常所说的 3、2、1 的方法，就是根据这个规律算出领口的减针方法的。

前领口

1. 中间留7针，每行收1针，收8次。

2. 每2行收1针，收3次。

3. 平织12行。

4. 重复以上步骤织另一边。

5. 前后肩缝合。

6. 围领子一周挑针。

7. 织一圈正一圈反，织四行反针，收针完成。

后领口

1. 中间留18针，每2行收1针，收4次。

2. 每2行收1针，收4次。

简约圆领

制定尺寸

前领深 8cm，后领深 2cm，领宽 16cm，领高 5cm。

注：编织的过程中，可根据毛衣的大小，适当缩放领口尺寸。有了这个尺寸，不论用什么型号的毛线，都可按这个尺寸织领口了。

计算领口的针数

以粗线为例，编织密度：20 针 ×25 行、10cm

领宽的针数：16÷10×20=32 针，取 33 针。

前领深行数：8÷10×25=20 行，取 20 行。

后领深行数：2÷10×25=5 行，取 5 行。

制定工艺针法

将领口针数大约分为三等分，中间 16 针为平收针。圆领的样式几乎都相同，所不同的是领口稍大些，领边窄一些，其领口减针工艺参考半高领。

前领口

1. 前片织到理想的长度，开始留领。

2. 中间留16针，每行收1针，收6次。

3. 每2行收1针，收3次。

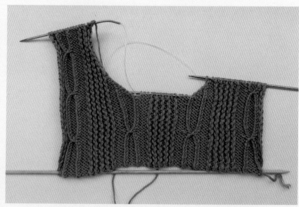

4. 平针10行。

5. 每行收1针，收6次。

6. 每2行收1针，收3次。

7. 平针10行。

后领口

1. 后片织到理想的长度，开始留领。

2. 中间留24针，每行收1针，收5次，平织两行。

3. 每行收1针，收5次，平织两行。

领

4. 前后肩缝合。

1. 围圆领一周挑针，织1针正1针反。

2. 织25行。

3. 在正面纺织3，织口和起针的地方锁在一起。

4. 在反面编织，织口和起针的地方锁在一起。

制定尺寸

前领深 8cm，后领深 2cm，领宽 16cm，领高 5cm。

注：编织的过程中，可根据毛衣的大小，适当缩放领口尺寸。有了这个尺寸，不论用什么型号的毛线，都可按这个尺寸织领口了。

计算领口的针数

以粗线为例，编织密度：

20 针 ×25 行 /10cm

领宽的针数：16÷10×20=32 针，取 33 针。

前领深行数：8÷10×25=20 行，取 20 行。

后领深行数：2÷10×25=5 行，取 5 行。

制定工艺针法

将领口留 7 针，那么，在 20 行中共收掉 11 针，让领口呈现弧度采取先快收针后慢收针的方法，通常所说的 5、4、3、2、1 的方法，就是根据这个规律算出领口的减针方法的。

前领口

1.中间留7针,1行收1针,收8次。

2.每2行收1针,收3次。

3.平织12行。

4.重复以上步骤织另一边。

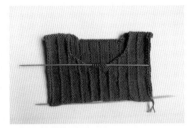

5.前后肩缝合。

6.围领子一周挑针。

7.第1行只织正针,反针挑过不织;第2行只织反针,正针挑过……如此反复织3行,织出来是双层的。

8.一正一反合成1针,织2针正2针反10行后收针。

后领口

1.中间留18针,每2行收1针,收4次。

2.每2行收1针,收4次。

制定尺寸

前领深 8cm，后领深 2cm，领宽 16cm，领高 5cm。

注：编织的过程中，可根据毛衣的大小，适当缩放领口尺寸，有了这个尺寸，不论用什么型号的毛线，都可按这个尺寸织领口了。

计算领口的针数

以粗线为例，编织密度：

$10cm^2$=20 针 ×25 行

领宽的针数；16÷10×20=32 针，取 33 针。

前领深行数，8÷10×25=20 行，取 20 行。

后领深行数，2÷10×25=5 行，取 5 行。

制定工艺针法

将领口针数大约分为三等分，那么，在 20 行中要收掉 11 针，让领口呈现弧度采取先快收针后慢收针的方法，通常所说的 5、4、3、2、1 的方法，就是根据这个规律算出领口的减针方法的。

前领口

1. 分开袖后把前片织到理想长度，开始织前领。

2. 中间留16针，每行收1针，收6次。

3. 每2行收1针，收3次。

 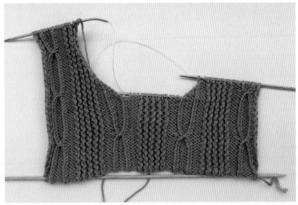

4. 平织10行。

5. 每行收1针，收6次。

6. 每2行收1针，收3次。

7. 平织10行。

后领口

1. 分开袖后把后片织到理想长度，开始织后领口。

2. 中间留 24 针，每行收 1 针，收 5 次，平织 2 行。

3. 每行收 1 针，收 5 次，平织 2 行。

领

4. 前后肩缝合。

1. 围圆领一周挑针织上针。

2. 共织 15 行。

3. 收针。

4. 完成效果图。

制定尺寸

前领高 10cm，后领高 10cm，领宽 16cm

注：编织的过程中，可根据毛衣的大小，适当缩放领口尺寸。有了这个尺寸，不论用什么型号的毛线，都可按这个尺寸织领口了。

计算领口的针数

以粗线为例，编织密度：

20 针 ×25 行 10cm

领宽的针数：16÷10×20=32 针，取 33 针。

制定工艺针法

将领口针数大约分为三等分，这个领口要比别的领口留宽一点，所以领口比两肩的针数多 5 ~ 6 针。

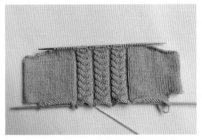

1. 收斜肩，分 3 次 6 行收掉肩的针数。

2. 每 2 行左右各收 1 针，收 2 次。

3. 织到理想的高度，收针。

4. 后片和前片收针方法一样，重复以上步骤，最后前后片缝合。

竖条纹小半高领

制定尺寸

前领深 8cm，后领深 2cm，领宽 16cm，领高 5cm。

注：编织的过程中，可根据毛衣的大小，适当缩放领口尺寸。有了这个尺寸，不论用什么型号的毛线，都可按这个尺寸织领口了。

计算领口的针数

以粗线为例，编织密度：

20 针 ×25 行 /10cm

领宽的针数：16÷10×20=32 针，取 32 针。

前领深行数：8÷10×25=20 行，取 20 行。

后领深行数：2÷10×25=5 行，取 5 针。

制定工艺针法

将领口针数大约分为三等分，中间收 7 针，在 20 行中要收掉 11 针，按照 5、4、3、2、1 的方法，根据这个规律算出领口的减针方法的。

前领口

1. 中间留 7 针，每行收 1 针，收 8 次。

2. 每 2 行收 1 针，收 3 次。

3. 平织 12 行。

4. 重复以上步骤织另一边。

5. 前后肩缝合。

6. 围圆领一周挑针。

7. 第1行只织正针，反针挑过不织；第2行只织反针，正针挑过……如此反复织3行，织出来的是双层的。

8. 一正一反合成一针，织2针正2针反10行后收针。

后领口

1. 中间留24针，每2行收1针，收4次。

2. 每2行收1针，收4次。

竖条纹小 V 领

制定尺寸

前领深 23cm，后领深 3cm，领宽 22cm。

注：编织过程中，我们一般习惯是在开袖时开领，袖下 3cm 为大 V 领，袖上 3cm 为小 V 领，领口的大小根据个人喜好决定。

计算领口的针数

以粗线为例，编织密度：

20 针 ×25 行 /10cm

领宽的针数：22÷10×20＝44 针，取 45 针。

前领深行数：23÷10×25＝57.5 行，取 58 行。

后领深行数：3÷10×25＝7.5 行，取 8 行。

制定工艺针法

收针使用"快快、快、慢、不收"的方法，织出来的领口才会美观漂亮。

针法一般根据收针的规律来算，多少行中要收掉多少针。

前领口

1. 前片织到理想的长度，开始留针织领。

2. 中间留 1 针。

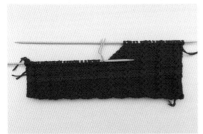

3. 每行收1针，收4次。

4. 每2行收1针，收8次。

5. 平织14行。

6. 前片比后片多织3cm。

7. 每行收1针，收4次。

8. 每2行收1针，收八次，再平织14行。

后领口

9. 成品图

1. 后片织到理想的长度，开始留针织领。

2. 后片比前片少3cm长。

3. 前片长的 3cm 折过来就形成了后领窝（这是一种懒人织法）。

4. 把左右两边肩部缝起来。

5. 缝好的后领效果。

领

1. 织圆领一周挑针

2. 织 1 针正 1 针反。

3. 每织一圈，在做记号的 1 针的左右各收 1 针，把做记号的 1 针盖过收的 2 针。

4. 继续织领。

5. 共织 8 圈。

6. 收针，完工。

花边小V领

制定尺寸

前领深23cm，后领深3cm，领宽22cm。

注；编织过程中，一般习惯是在开袖时开领，袖下3cm为大V领，袖上3cm为小V领，领口的大小根据个人喜好决定。

计算领口的针数

以粗线为例，编织密度：

20针×25行/10cm

领宽的针数：22÷10×20=44针，取44针。

前领深行数：23÷10×25=57.5行，取58行。

后领深行数：3÷10×25=7.5行，取8行。

制定工艺针法

收针使用"快快、快、慢、不收"的方法，织出来的领口才会美观漂亮。

针法一般根据收针的规律来算，多少行中要收掉多少针。

前领口

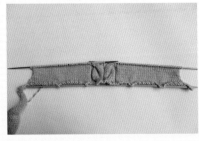

1. 两个麻花花样织在毛衣前片的中间，两个麻花花样中间织2针反针。

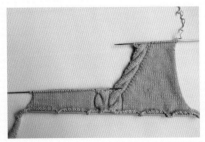

2. 从麻花花样的内侧收针，第2行收1针，收18次。

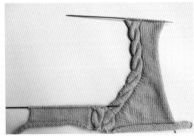

3. 平织45行。

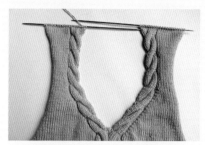

4. 重复以上步骤织另一边。

后领口

1. 将后片织到理想的长度。

2. 中间收40针。

3. 每2行收1针，收2次。

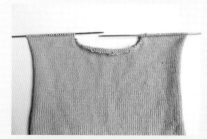

4. 重复步骤3织另一边。

5. 前后肩缝合。

6. 围着领圈钩一圈花边

横条纹高翻领

制定尺寸

前领深 8cm，后领深 2cm，领宽 16cm，领高 5cm。

注：编织的过程中，可根据毛衣的大小，适当缩放领口尺寸，有了这个尺寸，不论用什么型号的毛线，都可按这个尺寸织领口了。

计算领口的针数

以粗线为例，编织密度：

20 针 ×25 行 /10cm

领宽的针数：16÷10×20=32 针，取 33 针。

前领深行数：8÷10×25=20 行，取 20 行。

后领深行数：2÷10×25=5 行，取 5 行。

制定工艺针法

将领口针数大约分为三等分，那么，在 20 行中要收掉 11 针，采取先快收后慢收的方法，根据这个规律算出领口的减针方法的。

前领口

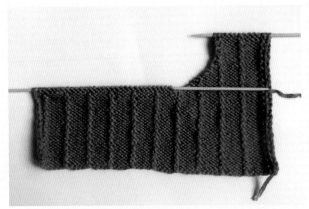

1.中间留 7 针，每行收 1 针，收 8 针。

2.每 2 行收 1 针，收 3 针。

3. 平针织12行。

4. 重复以上步骤织另一边。

5. 将前后肩缝合。

6. 围绕领子一周挑针，挑的针数密些（要比织其他领子多挑出25～30针）。

7. 织1行正3行反，织8个。

8. 收针，完成，效果图。

后领口

1. 中间留18针，每2行收1针，收4次。

2. 每2行收1针，收4次；重复步骤3织另一边。

双排扣小翻领

制定尺寸

前领深8cm，后领深2cm，宽16cm，领高7cm。

注：编织的过程中，可根据毛衣的大小，适当缩放领口尺寸，有了这个尺寸，不论用什么型号的毛线，都可按这个尺寸织领口了。

计算领口的针数

以粗线为例，编织密度：

20针×25行/10cm

领宽的针数：16÷10×20=32针，取32针。

前领深行数：8÷10×25=20行，取20行。

后领深行数：2÷10×25=5行，取5行。

制定工艺针法

将前领口收针，从前门襟开始收，共收掉22针，让领口呈现弧度采取先快收针后慢收针的方法，使用"快快、快、慢、不收"的方法，根据这个规律算出领口的减针方法。

前领口

1.将前片织到理想的长度，开始留领。

2.平收16针。

3.每2行收1针，收6次。

4. 平织 7 行。

5. 重复以上步骤织好另一边。

6. 将前后肩部缝合。

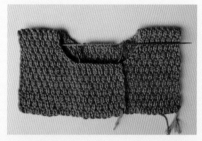

7. 从门襟边第 16 针处做个记号。

8. 从做记号处开始挑针到另一个做记号的地方。

9. 织 15 行收针。完成。

后领口

1. 将后片织到理想的长度，开始留针织领。

2. 中间留 9 针。每行收 1 针，收5 次。

3. 另一边，每行收 1 针，收 5 次，继续织，共织 8 圈。

三角小翻领

1. 前片一直织到肩部。

2. 前片织1行正1行反，只数反针行，织4行，收针。

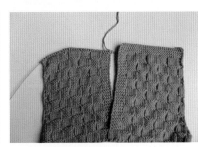

3. 前片重复步骤1。

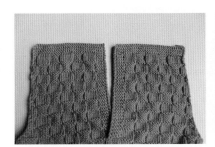

4. 前片重复步骤2。

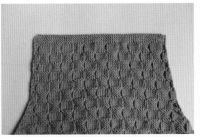

5. 后片织到肩部，再织1个1行正1行反，只数反针行，织4行，收针。

6. 前后肩缝合，完成。

注：此款领口没有收领窝，领窝的大小是按照缝肩针数的多少定的，肩缝的针数多领窝就小，肩缝的针数少领窝就大，可以根据需要留领的大小。

西装型大翻领

制定尺寸

前领深 8cm，后领深 2cm，领宽 16cm，领高 5cm。

注：编织的过程中，可根据毛衣的大小，适当缩放领口尺寸。有了这个尺寸，不论用什么型号的毛线，都可按这个尺寸织领口了。

计算领口的针数

以粗线为例，编织密度：

20 针 ×25 行 /10cm

领宽的针数：16÷10×20=32 针，取 33 针。

前领深行数：8÷10×25=20 行，取 20 行。

后领深行数：2÷10×25=5 行，取 5 行。

制定工艺针法

将领口针数大约分为三等分，在 20 行中要收掉 11 针，让领口呈现弧度采取先快收针后慢收针的方法，通常所说的 5、4、3、2、1 的方法，就是根据这个规律算出领口的减针方法的。

前领口

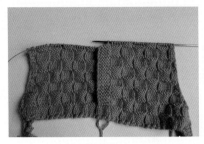

1. 将门襟的 5 针平收。

2. 每行收 1 针，收 13 次。

3. 平织 13 行。

后领口

4. 重复以上步骤。

1. 将后片织到理想的长度，开始留针织领。

2. 中间留 19 针，每 2 行收 1 针，收 2 次，收针。

3. 重复步骤 2.

4. 缝合前后肩部，围绕领子挑针1 周，织 1 行正 1 行反。

5. 织 20 行 1 正 1 反，收针完成。

西装型小翻领

制定尺寸

前领深 8cm，后领深 2cm，领宽 16cm，领高 5cm。

注：编织的过程中，可根据毛衣的大小，适当缩放领口尺寸，有了这个尺寸，不论用什么型号的毛线，都可按这个尺寸织领口了。

计算领口的针数

以粗线为例，编织密度：

20 针 ×25 行 /10cm

领宽的针数：16÷10×20=32 针，取 33 针。

前领深行数：8÷10×25=20 行，取 20 行。

后领深行数：2÷10×25=5 行，取 5 行。

制定工艺针法

将前领口收针，从前门襟开始收，共收掉 17 针，让领口呈现弧度采取先快收针后慢收针的方法，使用"快快、快、慢、不收"的方法，根据这个规律算出领口的减针方法。

前领口

1. 前片织到理想的长度，开始留针织领。

2. 平收 10 针。

3. 每 2 行收 1 针，收 7 次。

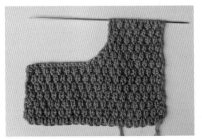

4. 平织 7 行。

5. 重复以上步骤织好另一边。

6. 前后肩缝合。

7. 从门襟数第 8 针开始挑针到另一门襟第 8 针。

8. 织 12 行收针完成。

后领口

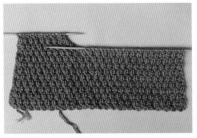

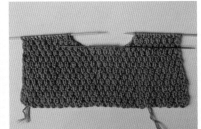

1. 中间留 24 针，每 2 行收 1 针，收 4 次。

2. 每 2 行收 1 针，收 4 次。

3. 另一边，每行收 1 针，收 5 次。

简约高领

制定尺寸

前领深 8cm，后领深 2cm，领宽 16cm，领高 5cm。

注：编织的过程中，可根据毛衣的大小，适当缩放领口尺寸。有了这个尺寸，不论用什么型号的毛线，都可按这个尺寸织领口了。

计算领口的针数

以粗线为例，编织密度：

20 针 ×25 行 /10cm

领宽的针数：16÷10×20=32 针，取 33 针。

前领深行数：8÷10×25=20 行，取 20 行。

后领深行数：2÷10×25=5 行，取 5 行。

制定工艺针法

将领口针数大约分为三等分，那么，在 20 行中要收掉 11 针，领高织到 20cm 左右。

前领口

1. 前片织到理想的长度，开始留针织领。

2. 中间留16针，每行收1针，收6次。

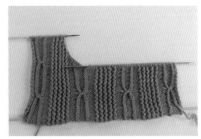

3. 每2行收1针，收3次。

4. 平织10行。

5. 每行收1针，收6次。

6. 每2行收1针，收3次。

7. 平织10行。

后领口

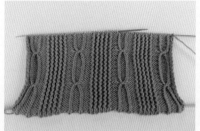 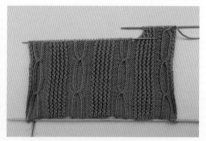

1. 后片织到理想的长度，开始留领。

2. 中间留 24 针，每行收 1 针，收 5 次，平织 2 行。

3. 每行收 1 针，收 5 次，平织 2 行。

4. 前后肩缝合

领

1. 围绕领一周挑针织 1 针正 1 针反。

2. 织到理想的长度。

3. 收针完成。

制定尺寸

前领深 8cm，后领深 2cm，领宽 16cm，领高 5cm。

注：编织的过程中，可根据毛衣的大小，适当缩放领口尺寸。有了这个尺寸，不论用什么型号的毛线，都可按这个尺寸织领口了。

计算领口的针数

以粗线为例，编织密度：

20 针 ×25 行 /10cm

领宽的针数：16÷10×20=32 针，取 32 针。

前领深行数：8÷10×25=20 行，取 20 行。

后领深行数：2÷10×25=5 行，取 5 行。

制定工艺针法

将领口针数大约分为三等分，在 20 行中要收掉 11 针。

制作过程

1. 平收 10 针，包含带门襟。

2. 每行收 1 针，收 6 次。

3. 每 2 行收 1 针，收 6 次。

4. 平织10行。

5. 重复以上步骤，织另一边。

6. 中间留20针。

7. 每行收1针，收6次。

8. 重复步骤7织另一边。

9. 前片和后片缝合。

10. 围绕领子挑针1周，织上下针。

11. 织10行收针完成。

制定尺寸

前领深 5cm，后领深 2cm，领宽 20cm，领高 6cm。

计算领口的针数

以粗线为例，编织密度：

29 针 × 25 行 /10cm

领宽的针数：20÷10×29=58 针，取 58 针。

前领深行数：5÷10×25=12.5 行，取 12 行。

后领深行数：2÷10×25=5 行，取 5 行。

制定工艺针法

将领口中间留 7cm 的针数，7÷10×29=20.3 针，根据花型取 22 针，领口两边各减去（58−22）÷2=13 针。根据常用的减针规律，算出工艺针法。

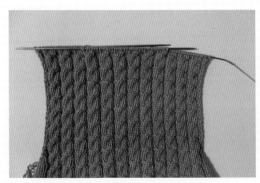

1. 后片，将中间 34 针留下不织。

2. 后片，每行收 1 针，收 5 次。

3. 后片，重复上一步。

4. 前片，将中间22针留下不织。

5. 前片，每行收1针，收11次。

6. 前片，另一边重复上一步。

7. 前片和后片缝合。

8. 围绕领子挑针一周，照下边的扭八针麻花花样，织4正2反针。

9. 织15行收针，完工。

小 斜 领

1. 织到理想的肩高停下，前片后片一样。

2. 前后肩部缝合15针。

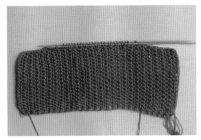

3. 前后肩部缝合另一边15针。

4. 继续织领。

5. 留一面开口。

6. 织到理想的高度。

7. 收针。

注：此款领口没有收领窝，领窝的大小是按照缝肩针数的多少定的，肩缝的针数多领窝就小，肩缝的针数少领窝就大，可以根据需要留领的大小。

制定尺寸

前领深 8cm，后领深 2cm，领宽 16cm，领高 5cm。

注：编织的过程中，可根据毛衣的大小，适当缩放领口尺寸，有了这个尺寸，不论用什么型号的毛线，都可按这个尺寸织领口了。

计算领口的针数

以粗线为例，编织密度：

20 针 × 25 行 /10cm

领宽的针数：16÷10×20=32 针，取 33 针。

前领深行数：8÷10×25=20 行，取 20 行。

后领深行数：2÷10×25=5 行，取 5 行。

制定工艺针法

将前身中间留 18 针为领口，针数大约分为三等分，在 20 行中要收掉 11 针。

前领口

1. 分开袖后把前片织到理想的长度。

2. 中间留 11 针。

3. 每行收 1 针，收 4 次。

4. 每2行收1针，收4次。

5. 平织6行。

6. 重复以上步骤3，4，5。

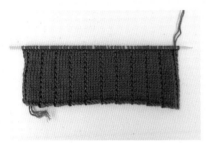

1. 分开袖后把后片织到理想的长度。

2. 中间留18针，每2行收1针，收4次。

3. 重复步骤2，织另一边。

4. 前后肩缝合。

5. 围绕领子一周挑针。

6. 织1行正，1行反，织出2行反针。

7. 织3针收2针，织3针2针，下1行平针，反复织3次。

Part 4 多种袖子的编织方法

大罗纹花样袖

制定尺寸

袖长：所需要的净尺寸。

袖围：手臂最大一圈，在净袖围上加放尺寸。一般加放 2 ～ 3cm。为男士或老人编织宽松的毛衣需要加放 5 ～ 6cm。还有最基本的算法大约加放胸围的 1/3。

如果需要窄袖就不加放尺寸或缩小 1cm。

袖山高：一般为 13 ～ 15cm。男式毛衣一般是 10 ～ 12cm，根据衣整体效果决定其尺寸。

袖口：一般普通毛衣是 20 ～ 23cm，男式毛衣一般为 23 ～ 27cm，细线袖口略小，粗线袖口略大。

计算工艺

以粗线为例，编织密度：20 针 ×25 行 /10cm。

例：袖长 57cm，袖围 33cm，袖山 14cm，袖口 23cm。

袖长：57÷10×25=142.5 行，取 142 行。

袖围：33÷10×20=66 针，取 66 针。

袖山：14÷10×25=35 行，取 36 行。

袖口：23÷10×20=46 针，取 46 针。

制作过程

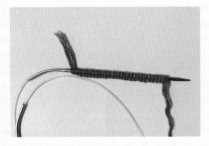

1. 起 25 针。

2. 每 2 行左右各加 1 针。

3. 加 20 次。

4. 每行左右各加 1 针，加 8 次。

5. 每行左右各加 1 针，加 8 次。

6. 每 6 行左右各收 1 针。

7. 每 10 行左右各收 1 针。织到理想的长度。

8. 织（袖口）1 针正 1 针反，织 25 行。

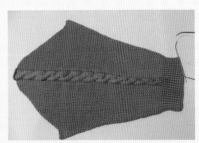

9. 收针完成。

多条纹花样袖

制定尺寸

袖长：所需要的净尺寸。

袖围：手臂最大一圈，在净袖围上加放尺寸。一般加放 2～3cm。为男士或老人编织宽松的毛衣需要加放 5～6cm。还有最基本的算法大约加放胸围的 1/3。

如果需要窄袖就不加放尺寸或缩小 1cm。

袖山高：一般为 13～15cm。男式毛衣一般是 10～12cm，根据衣整体效果决定其尺寸。

袖口：一般普通毛衣是 20～23cm，男式毛衣一般为 23～27cm，细线袖口略小，粗线袖口略大。

计算工艺

以粗线为例，编织密度：20 针 ×25 行 /10cm。

例：袖长 57cm，袖围 33cm，袖山 14cm，袖口 23cm。

袖长：57÷10×25=142.5 行，取 142 行。

袖围：33÷10×20=66 针，取 66 针。

袖山：14÷10×25=35 行，取 36 行。

袖口：23÷10×20=46 针，取 46 针。

制作过程

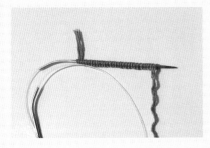

1. 起 25 针。

2. 每 2 行左右各加 1 针。

3. 加 20 次。

4. 每行左右各加 9 针。

5. 每 6 行左右各收 1 针。

6. 每 10 行左右各收 1 针。织到理想的长度。

7. 织（袖口）1 针正 1 针反，

8. 织 25 行。

9. 收针完成。

制定尺寸

袖长：所需要的净尺寸。粗线做短袖一般是外套，袖长就稍长点。

袖围：手臂最大一圈，在净袖围上加放尺寸。

袖山高：一般为 13 ~ 15cm。

袖口：一般普通毛衣是 44cm。

计算工艺

以粗线为例，编织密度：20 针 ×25 行 /10cm。

例：袖长 24cm，袖围 44cm，袖山 15cm，袖口 37cm。（这是根据所选袖款和袖花形决定的）

     袖长：24÷10×25=60 行，取 60 行。

     袖围：44÷10×20=88 针 +2 针（缝头）=90 针，取 90 针。

     袖山：15÷10×25=37.5 行，取 38 行。

     袖口：37÷10×20=74+2 针 =76 针，取 76 针。

袖身工艺：这款袖子比较简单，袖山先使用收缩性针法，袖口又要呈现喇叭袖的效果，所以袖口和袖围一样大，因此不需要加减针。

袖山工艺：由于上部是收缩针，所以平收针部分就省略了，直接采取斜收针的方法，到袖山上部以逐步快收的方法，收成圆弧形。

制作过程

1. 起 90 针。织 1 针正 1 针反 织 4 行。

2. 织正针 22 行。

3. 织 2 针正 2 针反 4 行。

4. 将 2 个正针换位。

5. 织 4 行左右各收 1 针

6. 收 8 次。

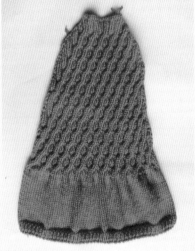

7. 每行左右各收 1 针, 收 10 次。

8. 收针完成。

花边喇叭袖

制定尺寸

袖长：所需要的净尺寸。喇叭袖比正常袖短一点漂亮些。

袖围：净袖围上 e 加放尺寸。因为要突出喇叭袖的效果，袖围不需要加放尺寸。

袖山高：一般为 13 ～ 15cm。

袖口：一般要比普通袖的袖口宽 6 ～ 10cm，也可以根据需要决定。

算工艺

以粗线为例，编织密度：20 针 × 25 行 /10cm。

例：袖长 50cm，袖围 32cm，袖山 14cm，袖口 32cm。

袖长：50÷10×25=125 行，取 126 行。

肘关节长：34÷10×25=85 针，取 84 针。

袖下半段：16÷10×25=40 行，取 42 行。

袖围：32÷10×20=64 针，取 66 针。

袖山：14÷10×25=35 行，取 36 行。

袖口：32÷10×20=64 针，取 64 针。

袖身工艺：从袖口到肘关节需减 6（64-58=6）针，两边各减 3 针，先织 8cm 花样不减针，织完花样两边各减 1 针，剩下 22 行，大约每 6 行两边各减 1 针减 3 次，然后平织 4 行。

从肘关节到袖围需减 8 针，即两边各减 4 针。在 50 行上减 4 针，大约每 12 针减 1 针，上下如果要平织几行，就采取每 10 行收 1 针的方法。

袖山工艺：同普通袖一样。

制作过程

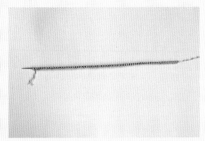

1. 起90针。

2. 织2行正针。

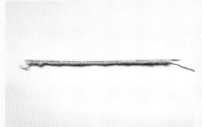

3. 织4针收2针，织4针加2针，重复编织。

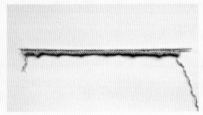

4. 平织1行。

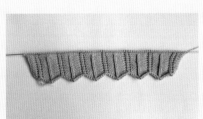

5. 重复3和步骤4步织10组，

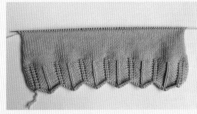

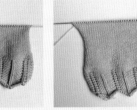

6. 织6行左右两边各收1针，收3次。

7. 织8行左右各加1针。

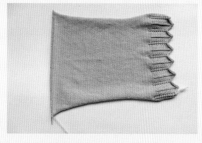

8. 每8行两边各加1针，加6次。

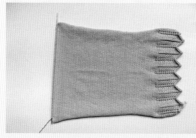

9. 左右各平收4针。

10. 每2行左右各收1针，收6次。

11. 每4行左右各收1针，收2次。

12. 每2行收1针，收4次。

13. 平收完成。

14. 完成效果图。

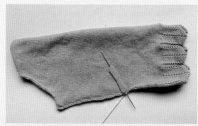

15. 合袖编织。

简单灯笼袖

制定尺寸

袖长：这款袖是 8 分袖，比正常的袖子短一些。

袖围：在净袖围上加放尺寸，灯笼袖也要袖围窄点，比较美观。

袖山高：一般为 13 ~ 15cm。同普通袖一样。

袖口：袖口处同喇叭袖，比较宽，一般为 30 ~ 35cm。

计算工艺

以粗线为例，编织密度：20 针 ×33 行 /10cm。

例：袖长 40cm，袖围 32cm，袖山 14cm，袖口 33cm。

袖长：40÷10×25=100 行，取 100 行

袖上半段：16÷10×25=40 行，取 40 行

袖下半段：16÷10×25=40 行，取 40 行

袖围：32÷10×20=64 针，取 64 针

袖山：14÷10×32=44.8 行，取 44 行

袖口：33÷10×20=66 针，取 66 针

制作过程

1. 起30针织平针。

2. 每2行左右各加1针，加30次。

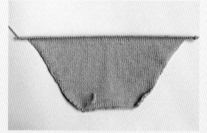

3. 左右各加6针。

4. 平织20行。

5. 第6行左右各加1针，加5次。

6. 每织5针平收1针，织上下针。

7. 织35行，收针完成。

简单灯笼袖

制定尺寸

袖长：所需要的净尺寸。

袖围：手臂最大一圈，在净袖围上加放尺寸。一般加放 2 ～ 3cm。为男士或老人编织宽松的毛衣需要加放 5 ～ 6cm。还有最基本的算法大约加放胸围的 1/3。如果需要窄袖就不加放尺寸或缩小 1cm。

袖山高：一般为 13 ～ 15cm。男式毛衣一般是 10 ～ 12cm，根据衣整体效果决定其尺寸。

袖口：一般为普通衣是 20 ～ 23cm，男式毛衣一般为 23 ～ 27cm，细线袖口略小，粗线袖口略大。

计算工艺

以粗线为例，编织密度：20 针 ×25 行 /10cm。

例：袖长 57cm，袖围 33cm，袖山 14cm，袖口 23cm。

袖长：57÷10×25=142.5 行，取 142 行。

袖围：33÷10×20=66 针，取 66 针。

袖山：14÷10×25=35 行，取 36 行。

袖口：23÷10×20=46 针，取 46 针。

袖口：33÷10×20=66 针，取 66 针。

制作过程

1. 每 2 行左右各加 1 针，加 20 次。　2. 每行左右各加 8 针。

3. 每 6 行左右各收 1 针。

4. 织到理想的长度，织（袖口）1 针正 1 针反，织 20 行。　5. 收针完成。

紧致竖条纹短袖

制定尺寸

袖长：这款袖　　袖长一般为 10.5cm。

袖口：为袖山长 3/4 部位的尺寸，大约为 20cm。

袖山高：与袖长相等。

计算工艺

以粗线为例，编织密度：$10cm^2$=24 针 × 28 行。

例：袖长 10.5cm，袖围（袖口）20cm

　　　袖长：10.5cm÷10×28=29.4 行，取 30 行。

　　　袖围（袖口）：20cm÷10×24=48 行，取 48 行。

制作过程

1. 起 1 针正 1 针反，起 80 针。

2. 织 2 针正，2 针反。

3. 第 4 行左右各收 1 针，收 13 次。

4. 每行左右各收 2 针，收 7 次。

5. 收针完成。

拉链花样袖

制定尺寸

袖长：所需要的净尺寸。

袖围；手臂最大一圈，在净袖围上加放尺寸。一般加放 2 ~ 3cm。为男士或老人编织宽松的毛衣需要加放 5 ~ 6cm。还有最基本的算法大约加放胸围的 1/3。

如果需要窄袖就不加放尺寸或缩小 1cm。

袖山高：一般为 13 ~ 15cm。

袖口：一般普通毛衣是 20 ~ 23cm，粗线袖口略大。

计算工艺

以粗线为例，编织密度：20 针 ×25 行 /10cm。

例：袖长 57cm，袖围 33cm，袖山 14cm，袖口 23cm。

　　袖长：57÷10×25=142.5 行，取 142 行。

　　袖围：33÷10×20=66 针，取 66 针。

　　袖山：14÷10×25=35 行，取 36 行。

　　袖口：23÷10×20=46 针，取 46 针。

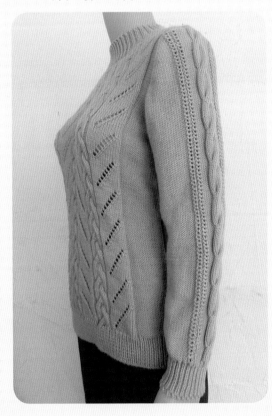

制作过程

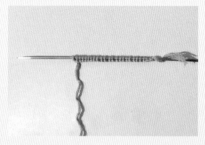

1. 起30针。

2. 每2行左右各加1针，加25次。

3. 左右各平加5针。

4. 第5行左右各收1针，收5次。

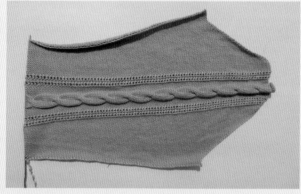

5. 第10行左右各收1针。织到理想的长度。

6. 平织上下针。

7. 织15行收针。

菱形花样袖

制定尺寸

袖长：所需要的净尺寸。

袖围；手臂最大一圈，在净袖围上加放尺寸。

如果需要窄袖就不加放尺寸或缩小1cm。一般加放2～3cm。为男士或老人编织宽松的毛衣需要加放5～6cm。还有最基本的算法大约加放胸围的1/3。

袖山高：一般为13～15cm。

袖口：一般普通毛衣是20～23cm，粗线袖口略大。

计算工艺

以粗线为例，编织密度：20针×25行/10cm。

例：袖长57cm，袖围33cm，袖山14cm，袖口23cm。

袖长：57÷10×25=142.5行，取142行。

袖围：33÷10×20=66针，取66针。

袖山：14÷10×25=35行，取36行。

袖口：23÷10×20=46针，取46针。

制作过程

1. 用绕线法起针。

2. 每2行左右各加1针，加15次。

3. 第4行左右各加1针，加5次。

4. 左右各平加4针。

5. 每6行左右各加1针，加8次。

6. 第15行左右各收1针，织到理想的长度。

7. 织袖口，1针正1针反。

8. 织18行，收针完成。

罗纹花样袖

制定尺寸

袖长：所需要的净尺寸。

袖围：手臂最大一圈，在净袖围上加放尺寸。

如果需要窄袖就不加放尺寸或缩小 1cm。一般加放 2 ~ 3cm。为男士或老人编织宽松的毛衣需要加放 5 ~ 6cm。还有最基本的算法大约加放胸围的 1/3。

袖山高：一般为 13 ~ 15cm。

袖口：一般普通毛衣是 20 ~ 23cm，粗线袖口略大。

计算工艺

以粗线为例，编织密度：20 针 ×25 行 /10cm。

例：袖长 57cm，袖围 33cm，袖山 14cm，袖口 23cm。

袖长：57÷10×25=142.5 行，取 142 行。

袖围：33÷10×20=66 针，取 66 针。

袖山：14÷10×25=35 行，取 36 行。

袖口：23÷10×20=46 针，取 46 针。

制作过程

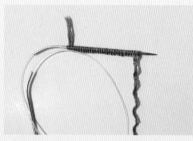

1. 起25针。

2. 每2行左右各加1针。

3. 共加20次。

4. 每行左右各加1针，加8次袖山完成。

5. 每6行左右各收1针。

6. 接下来是每10行左右各收1针。织到理想的长度。

7. 织（袖口）1针正1针反。

8. 织25行。

9. 收针完成。

泡泡花小短袖

制定尺寸

袖长：此袖为五分袖，袖长一般为 10.5cm

袖围：手臂最大一圈，在净袖围上加放尺寸。一般加放 2 ～ 3cm。为男士或老人编织宽松的毛衣需要加放 5 ～ 6cm。还有最基本的算法大约加放胸围的 1/3。

如果需要窄袖就不加放尺寸或缩小 1cm。

袖山高：与袖长相等。

袖口：为袖山长 3/4 部位的尺寸，大约为 20cm。

计算工艺

以粗线为例，编织密度：24 针 ×28 行 /10cm。

例：袖长 10.5cm，袖围（袖口）20cm

　　　袖长：10.5cm÷10×28=29.4 行，取 30 行。

　　　袖围：20cm÷10×24=48 行，取 48 行。

此袖子为 5 分袖。

袖山的弧度要减掉 34（50-16=34）针，即两边各减 17 针。

算出 30 行减 17 针的针法，没有平收针，采取"慢、快、快、快"的方法。

制作过程

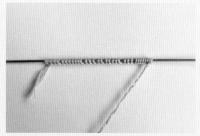

1. 起31针。

2. 每2行左右2边各加1针，

3. 加25次。

4. 左右两边各加7针。

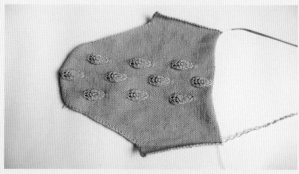

5. 织6行左右各收1针，收4次。

6. 1针正1针反织4行收针。

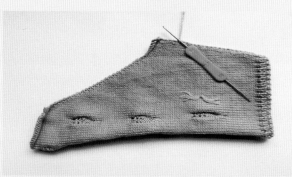

7. 缝合袖片。

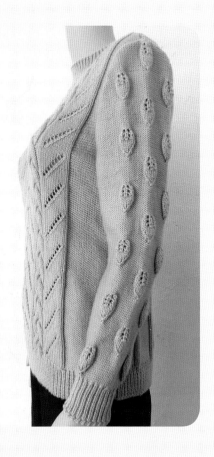

制定尺寸

袖长：所需要的净尺寸。

袖围：手臂最大一圈，在净袖围上加放尺寸。一般加放 2 ~ 3cm。为男士或老人编织宽松的毛衣需要加放 5 ~ 6cm。还有最基本的算法大约加放胸围的 1/3。

如果需要窄袖就不加放尺寸或缩小 1cm。

袖山高：一般为 13 ~ 15cm。

袖口：一般普通毛衣是 20 ~ 23cm，粗线袖口略大。

计算工艺

以粗线为例，编织密度：20 针 ×25 行 /10cm。

例：袖长 57cm，袖围 33cm，袖山 14cm，袖口 23cm。

　　袖长：57÷10×25=142.5 行，取 142 行。

　　袖围：33÷10×20=66 针，取 66 针。

　　袖山：14÷10×25=35 行，取 36 行。

　　袖口：23÷10×20=46 针，取 46 针。

制作过程

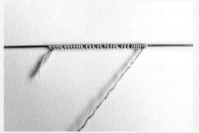

1. 起31针。

2. 每2行左右两边各加1针。

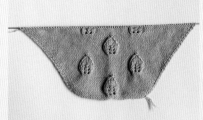

3. 加25次。

4. 左右两边各加7针。

5. 织6行左右各收1针，收4次。

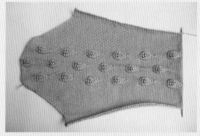

6. 第8行左右两边各收1针，织到理想的长度。

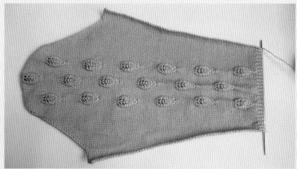

7. 织1针正1针反20行。

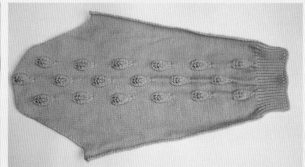

8. 收针。

时尚花边喇叭袖

制定尺寸

袖长：此袖为盖住胳膊上半部分，袖长一般为 10.5cm

袖口：为袖山长 3/4 部位的尺寸，大约为 20cm。

袖山高：与袖长相等。

计算工艺

以粗线为例，编织密度：24 针 × 28 行 /10cm。

例：袖长 10.5cm，袖围（袖口）20cm

　　袖长：10.5cm÷10×28=29.4 行，取 30 行。

　　袖围：20cm÷10×24=48 行，取 50 行。

此袖子只有袖山工艺。

袖山的弧度要减掉 34（50–16=34）针，即两边各减 17 针。

算出 30 行减 17 针的工艺，没有平收针，采取"慢、快、快、快"的方法。

制作过程

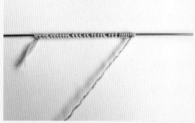 

1. 起3针，织1针正1针反。　2. 每行左右两边各加1针，加10　3. 每2行左右两边各加1针。
次。

4. 继续编织，一共加到100针。　5. 织正针，每第6针加1针，织　6. 收针完成的效果图。
5行，收针。

7. 钩花边。　　　　　　　　8. 完成。

实用简约袖

制定尺寸

袖长：所需要的净尺寸。

袖围：手臂最大一圈，在净袖围上加放尺寸。一般加放 2 ～ 3cm。为男士或老人编织宽松的毛衣需要加放 5 ～ 6cm。还有最基本的算法大约加放胸围的 1/3。

如果需要窄袖就不加放尺寸或缩小 1cm。

袖山高：一般为 13 ～ 15cm。

袖口：一般普通毛衣是 20 ～ 23cm，粗线袖口略大。

计算工艺

以粗线为例，编织密度：20 针 ×25 行 /10cm。

例：袖长 57cm，袖围 33cm，袖山 14cm，袖口 23cm。

袖长：57÷10×25=142.5 行，取 142 行。

袖围：33÷10×20=66 针，取 66 针。

袖山：14÷10×25=35 行，取 36 行。

袖口：23÷10×20=46 针，取 46 针。

制作过程

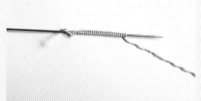

1. 起针。

2. 每2行左右各添1针，加25次。

3. 左右各平加5针。

4. 第5行左右各收1针，收5次。

5. 第10行左右各收1针。织到理想的长度。

6. 平织上下针。

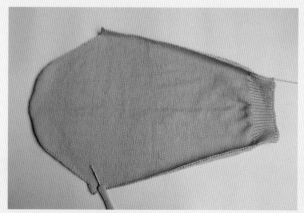

7. 织15行收针。

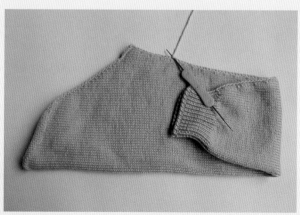

8. 缝合袖片。

舒适辫子针花样袖

制定尺寸

袖长：所需要的净尺寸。

袖围：手臂最大一圈，在净袖围上加放尺寸。

如果需要窄袖就不加放尺寸或缩小 1cm。一般加放 2 ～ 3cm。为男士或老人编织宽松的毛衣需要加放 5 ～ 6cm。还有最基本的算法大约加放胸围的 1/3。

袖山高：一般为 13 ～ 15cm。

袖口：一般普通毛衣是 20 ～ 23cm，粗线袖口略大。

计算工艺

以粗线为例，编织密度：20 针 × 25 行 /10cm。

例：袖长 57cm，袖围 33cm，袖山 14cm，袖口 23cm。

袖长：57÷10×25=142.5 行，取 142 行。

袖围：33÷10×20=66 针，取 66 针。

袖山：14÷10×25=35 行，取 36 行。

袖口：23÷10×20=46 针，取 46 针。

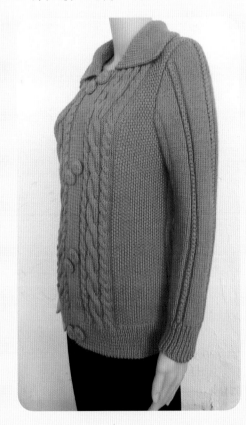

制作过程

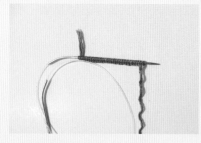

1. 起30针。

2. 每2行左右各加1针，

3. 加25次。

4. 左右两边各加5针。

5. 每8行左右各收1针。

6. 织到理想的长度，然后织袖口。

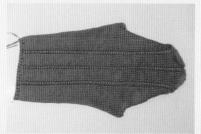

7. 袖口织1针正1针反。

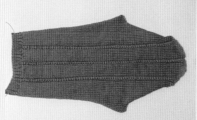

8. 袖口织25行。

9. 收针完成。

竖条纹收口袖

制定尺寸

袖长：所需要的净尺寸。

袖围：手臂最大一圈，在净袖围上加放尺寸。

如果需要窄袖就不加放尺寸或缩小1cm。一般加放3~5cm。

袖山高：一般为13~15cm。

袖口：一般袖口按胳膊的粗细定。

算工艺

以粗线为例，编织密度：20针×25行/10cm。

例：袖长57cm，袖围33cm，袖山14cm，袖口23cm。

　　袖长：57÷10×25=142.5行，取142行。

　　袖围：33÷10×20=66针，取66针。

　　袖山：14÷10×25=35行，取36行。

　　袖口：23÷10×20=46针，取46针。

制作过程

1. 起30针。

2. 每2行左右各加1针。

3. 加22次。

4. 左右各平加5针。

5. 平织10行。

6. 第1针织1针，第2针收1针，第3针织1针，第4针收1针以次类推。

7. 平织1圈，然后每织3针收1针。

8. 收针，完成。

竖条纹普通袖

制定尺寸

袖长：所需要的净尺寸。

袖围：手臂最大一圈，在净袖围上加放尺寸。

如果需要窄袖就不加放尺寸或缩小1cm。一般加放 2 ~ 3cm。

袖山高：一般为 13 ~ 15cm。

袖口：一般普通毛衣是 20 ~ 23cm，粗线袖口略大。

计算工艺

以粗线为例，编织密度：20 针 ×25 行 /10cm。

例：袖长 57cm，袖围 33cm，袖山 14cm，袖口 23cm。

袖长：57÷10×25=142.5 行，取 142 行。

袖围：33÷10×20=66 针，取 66 针。

袖山：14÷10×25=35 行，取 36 行。

袖口：23÷10×20=46 针，取 46 针。

制作过程

1. 起30针。

2. 每2行左右各加1针。

3. 加22次。

4. 左右各平加5针。

5. 每织7行左右各收1针。

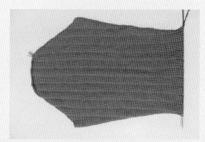

6. 袖口织1针正1针反。

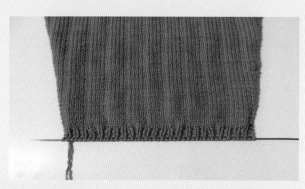

7. 收袖边。

8. 织15行收针完成。

碎花边袖

制定尺寸

袖长：此袖为短袖，袖长一般为 7cm。

袖口：为袖山长 1/4 部位的尺寸，大约为 10cm。

袖山高：与袖长相等。

计算工艺

以粗线为例，编织密度：24 针 ×28 行 /10cm。

例：袖长 10.5cm，袖围（袖口）20cm

袖长：6.5cm÷10×28=18.2行，取18行。

此袖子只有一个小小的袖山工艺。

制作过程

1. 起 25 针。　　　　2. 每 2 行左右各加 1 针，加 8 次。　3. 收针。

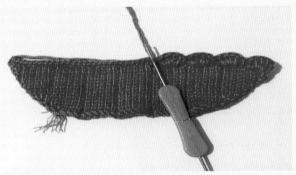

4. 钩花边。　　　　　　　　　　5. 完成。

玉米花样袖

制定尺寸

袖长：所需要的净尺寸。

袖围：手臂最大一圈，在净袖围上加放尺寸。

如果需要织窄袖就不加放尺寸或缩小1cm。一般加放2～3cm。

袖山高：一般为13～15cm。

袖口：一般普通毛衣是20～23cm，粗线袖口略大。

算工艺

以粗线为例，编织密度：20针×25行/10cm。

例：袖长57cm，袖围33cm，袖山14cm，袖口23cm。

袖长：57÷10×25=142.5行，取142行。

袖围：33÷10×20=66针，取66针。

袖山：14÷10×25=35行，取36行。

袖口：23÷10×20=46针，取46针。

制作过程

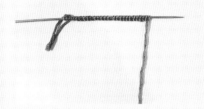

1. 起 25 针。

2. 每 2 行左右各加 1 针。

3. 加 20 次。

4. 左右各平加 8 针。

5. 每 6 行左右各收 1 针。收 8 次。

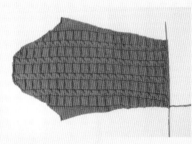

6. 每 10 行左右各收 1 针。织到理想的长度。

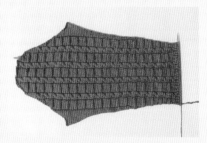

7. 织（袖口）1 针正 1 针反，织 20 行。

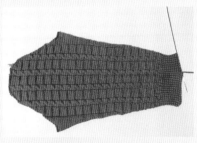

8. 收针完成。

9. 缝合袖片。

Part 5 多种织片花样的织法

间隔针绞花

此绞花同 8 针绞花，可以全身用花，也可配合其他花布置花形，用于织立体感比较强的毛衣，由于中间隔着上针，对于初学者来说可借助于绞花工具完成。

制作过程

1. 这种 7 针绞花，也可织为 6 针、5 针，取决于中间间隔上针的针数。

2. 织几行原针形。

3. 花样的前 2 针下针取下不织，中间 3 针上针用绞花工具取下。

4. 织后 2 针下针。正面。

反面。

5. 将前 2 针下针和后 2 针下针交叉，绞花针上的 3 针不动。

6. 织绞花针上的 3 针上针。

7. 交错织到移至绞花后面的前 2 针，绞花完成。

蝴蝶花

蝴蝶花适合妇女和儿童做套头衫穿着，适合搭配各种领形。

编织密度：10针×10行／花样。

制作过程

1. 织5针下针，将线从下绕到上面，将第6~10针从左棒针上移到右棒针上，不织，线从这5针上带过，后面全上针，然后正常织。

2. 按照步骤1的方法再织8行。

3. 将针从5针滑针针下穿入，织花正中一针。

4. 将线带上织下针。

5. 将花样错开，按照步骤1织。

6. 重复滑针5次。

7. 按照步骤4、5将花形织完成。

 空花纹

此花也是经典的围巾花样，为6针6行。

制作过程

1. 用挂针法起针，正反面都织下针，织4行。

2. 将线在针上绕2圈。

3. 织下针。

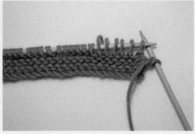

4. 每一针都是线绕2圈织下针。

5. 将绕的针圈抽出6针。

6. 将前3针放在右棒针上，织后3针，织下针。

7. 将前3针挑下，与后3针交叉。

8. 如此重复，将每6个针圈抽出，3针与3针交叉，织下针。

叶子花边

此花适合做衣服的衣边和袖边,也可全身织花,。用于女式套头衫开衫,也可做儿童的裙衫

制作过程

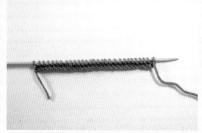

1. 起针织2行平针,12针为1花样。

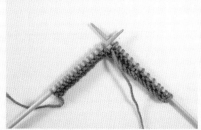

2. 织1针上针,加1针,再织4针下针,1针并1针(中间1针要放在正中),再织4针下针,加1针,以此类推。

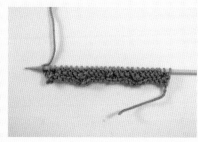

3. 反面按照原始花样正常编织。加的针在正面是下针,在反面就织上针。

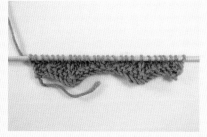

4. 第1针上针,织1针下针,加1针,织3针下针,然后3针并1针,织3针下针,再加1针,织1针下针,以此类推。

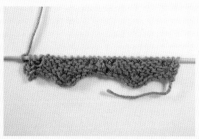

5. 反面正常织。

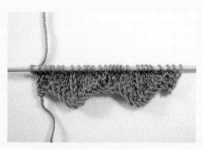

6. 第1针上针,织2针下针加1针,再织2针下针,然后3针并1针,织2针下针加1针,织2针下针,以此类推。

7. 反面正常织。

8. 1针上针，3针下针，加1针，1针下针，3针并1针，1针下针，加1针，3针下针，以此类推。

9. 反面正常织。

10. 1针上针，4针下针，加1针，3针并1针，加1针，4针下针，以此类推。

11. 反面正常织。

12. 右上2针并1针，4针下针，加1针，1针上针，加1针，4针下针，3针并1针，以此类推。最边上为左上2并1。

13. 反面正常织。

14. 右上2针并1，3针下针，加1针，1针下针1针上针，1针下针，加1针，3针下针，3针并1针，以此类推。

15. 反面正常织。

16. 右上2针并1针，2针下针，加1针，2针下针，1针上针，2针下针，加1针，2针下针，3针并1针，以此类推。

17. 反面正常织。

18. 右上2针并1针，1针下针，加1针，3针下针，1针上针，3针下针，加1针，1针下针，3针并1针，以此类推。

19. 反面正常织。

20. 右上2针并1针，加1针，4针下针，1针上针，4针下针，加1针，3针并1针，以此类推。

21. 反面正常织。

菱形块花

此花用在小孩和男式毛衣居多，若用在女式毛衣上，一般要搭配些其他花，如样衣花，菱形的大小根据针数变化。菱形中间的上针针数如果不织花可用偶数，菱形中间有其他花型就要用奇数，因为花要居中。

排花：花本身选为16针，中间12针反针，也可根据菱形大小确定针数。

制作过程

1. 中间4针下针，其余上针，反面正常织。

2. 将中间4针前后各2针交叉织（也就是扭绞花）。

3. 将中间4针旁边1针挑下不织。

4. 织中间4针前2针。

5. 将挑下的那1针，从前2针后面移至左棒针，织上针。

6. 将中间4针的后2针挑下，织后面1针，织上针。

7. 将后面这1针与挑下的2针下针交叉，2针下针在面上。

8. 织2针下针。

9. 参照步骤3～8将前后2针下针往左右两边移，织到中间为12针上针。

10. 参照上述织法，又将左右两边下针往中间移。

11. 中间剩4针下针交叉。

此花型空隙较大，又比较容易织，适合初学者织围巾，如果用做衣服，适合做春夏季服装。此花为2针4行1组，织出的花样两侧光滑，所以比较适合织围巾。

制作过程

注：此花与其他花不同的是正反面织法相同。

1. 用挂针法起针，织1行下针。

2. 将线从下往上绕在右棒针上，将针插入左棒针第1针和第2针中。（即加1针，收2针）

3. 将第1针和第2针2针并1针织下针。

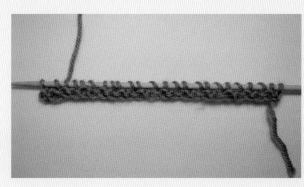 

4. 加此重复，先从下往上加1针，2针并1针。

5. 重复步骤2～4织1行。

这种花比较厚实、板密，最适合做大衣，也适合做披肩，此花为8针1朵花。

制作过程

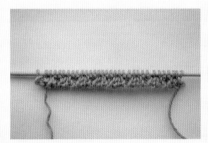

1. 用绕线法起双罗纹针

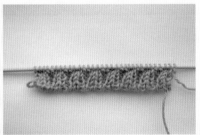

2. 织2行2针上针、2针下针。

3. 织2针上针，将左边针上的6针（2针下针、2针上针、2针下针）套在右棒针上。

4. 将线从上绕到6针下方。

5. 将右边的6针套在左棒针上。

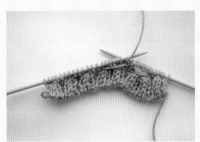

6. 将线放在织片上面来。

 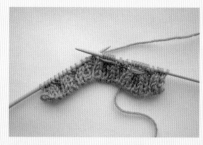 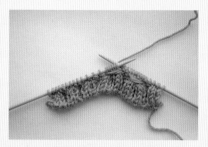

7. 将右边的6针套在右棒针上。　　8. 将线稍拉紧从上绕到6针下。　　9. 将右边的6针套在左棒针上。

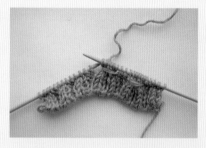  

10. 织2针下针、2针上针、2针下针，一共6针，绕针完成。

11. 重复以上步骤织花。

12. 织4行2针上针、2针下针。

13. 将花错开，重复步骤1～10动作织花。

14. 重复以上步骤完成整个花型。

套针花

此花型简单，适合做大众化的套头衫，也适合各种领型。

此花是 3 针 2 行 1 组花样，此针法叫左上交叉套针，也可以右上交叉套针。

制作过程

1. 用挂线法起针，织 2 行平针。

2. 第 1 针织上针。

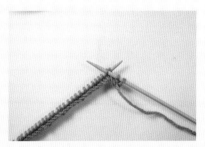

3. 将第 3 针挑下

3. 将第 3 针挑下

4. 先织第 3 针，织下针。

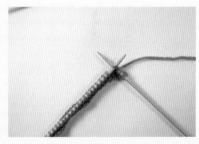

5. 再织第 2 针，织下针。

6. 重复以上步骤

叶子花空花

此花型有　空效果，适合织春秋装，可用细线织中袖。短袖均可。　空花一般适合低圆领排花。此花为8针花，12行

制作过程

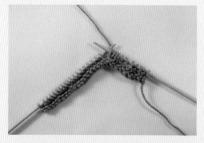

1.2针上针，加1针，3针并1针，
加1针，2针上针，1针放5针。

2.加针：线绕到针上即可。

3.3针并1针。
①将前2针以织下针方式挑下，织第3针，挑着前2针。

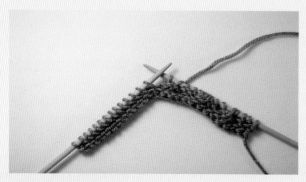

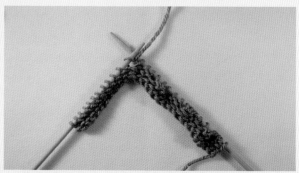

②将前2针并在第3针上。

4.1针放5针。
①1针下针，将线绕到针上加1针。

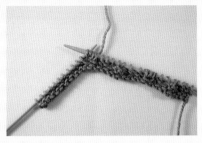 

②在原针上再织1针下针，再加1针，织1针上针。

5.反面的5针织上针，加的针织上针，其余正常织。

6.重复步骤1、2，织4行。

7.织到放5针的地方，两边左上并1针，右上并1针。
①左上并1针：右边针盖在左边针上，也就是前面针盖在后面针上。

②右上并1针：左边针盖在右边针上，也就是后面针盖在前面针上。

8.织到放5针的地方，3针并1针。

9.重复上述步骤，织第2朵花。

8针绞花

这个绞花可一次性绞，也可分段绞，分段绞比较好织，又好看。这种花样可以全身绞花，也可局部绞花，是毛衣中用的比较多的花形。

制作过程

第一种织法

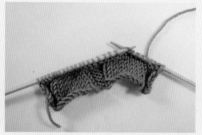

1. 排花：一般的绞花中间用上针间隔。

2. 绞花：　① 先将8针中的前4针从左棒针挑到右棒针上，织后4针。

② 再把前4针从右棒针上挑到左棒针上。

③ 织前4针（即前4针和后2针交叉）。

④ 绞花完成。

制作过程

第二种织法

绞花：

第二种适合针数多的绞花，可分几部分绞。

1. 先织8针中的前4针从左棒针挑到右棒针上，织后2针。

2. 再把前4针从右棒针上挑到左棒针上。

3. 织前4针（即前4针和后2针2针交叉）。

4. 绞花完成一半。

5. 织8针花前2针下针，挑下中间4针织后面2针，再挑下中间4针与后2针交叉。

6. 绞花完成。

豆芽花

此花比较厚实，也很容易织，比较适合做开衫、外套。

排花：此花型为8针1花，也可织6针、10针。小花可密可稀，根据个人喜好决定。

制作过程

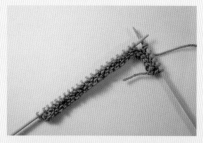

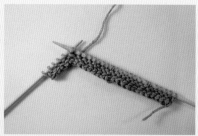

1. 织3针下针，织第4针时，将线在针上绕2圈，织下针。

2. 每隔7针绕1针。

3. 反面织下针，遇到绕线的这针，将针挑下不织，线从针前面带过，织后面1针。

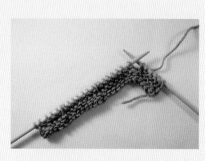

4. 正面织下针，遇到绕线的这针，将针挑下不织，线从针后面带过，织后面1针。

5. 重复以上步骤，一共是6行。

6. 织第7行时，就在上组花中间1针织绕针，绕针直接织下针。

异形球花

制作过程

1. 用绕线法起单罗纹针。

2. 织2行上下针。

3. 此花为16针1朵花，8针桂花针，8针绞花。
①先按4针上下针（桂花针），8针下针排花，8针上下织2行。

②将4针上下针换针即上针织下针，下针织上针，8针下针不变，8针上下针换针（即桂花针）织2行。

4. 异形球状花样片。

 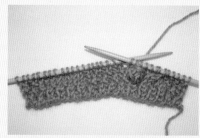 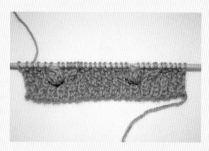

4. 桂花针正常织，8针下针，第3、4针与第1、2针交叉，第3、4针在上，第1、2针在下。

5. 在8针下针的第7针上钩1个小球。

6. 按上述步骤织下一个球状花。

7. 织4行原针不变。

8. 8针下针的第2针上钩小球。

9. 后4针交叉，前2针压在后2针上。

10. 重复步骤7～9织下一个球状花。